U0231987

优秀技术工人
百工百法丛书

许映龙
工作法

台风强度的
监测与预报

中华全国总工会 组织编写

许映龙 著

中国工人出版社

技术工人队伍是支撑中国制造、中国创造的重要力量。我国工人阶级和广大劳动群众要大力弘扬劳模精神、劳动精神、工匠精神，适应当今世界科技革命和产业变革的需要，勤学苦练、深入钻研，勇于创新、敢为人先，不断提高技术技能水平，为推动高质量发展、实施制造强国战略、全面建设社会主义现代化国家贡献智慧和力量。

——习近平致首届大国工匠
创新交流大会的贺信

优秀技术工人百工百法丛书

农林水利卷

编委会

序

党的二十大擘画了全面建设社会主义现代化国家、全面推进中华民族伟大复兴的宏伟蓝图。要把宏伟蓝图变成美好现实，根本上要靠包括工人阶级在内的全体人民的劳动、创造、奉献，高质量发展更离不开一支高素质的技术工人队伍。

党中央高度重视弘扬工匠精神和培养大国工匠。习近平总书记专门致信祝贺首届大国工匠创新交流大会，特别强调"技术工人队伍是支撑中国制造、中国创造的重要力量"，要求工人阶级和广大劳动群众要"适应当今世界科技革命和产业变革的需要，勤学苦练、深入钻研，勇于创新、敢为人先，不断提高技术技能水平"。这些亲切关怀和殷殷厚望，激励鼓舞着亿万职工群众弘扬劳模精神、劳动精神、工匠精神，奋进新征程、建功新时代。

近年来，全国各级工会认真学习贯彻习近平总书记关于工人阶级和工会工作的重要论述，特别是关于产业工人队伍建设改革的重要指示和致首届大国工匠创新交流大会贺信的精神，进一步加大工匠技能人才的培养选树力度，叫响做实大国工匠品牌，不断提高广大职工的技术技能水平。以大国工匠为代表的一大批杰出技术工人，聚焦重大战略、重大工程、重大项目、重点产业，通过生产实践和技术创新活动，总结出先进的技能技法，产生了巨大的经济效益和社会效益。

深化群众性技术创新活动，开展先进操作

法总结、命名和推广，是《新时期产业工人队伍建设改革方案》的主要举措。为落实全国总工会党组书记处的指示和要求，中国工人出版社和各全国产业工会、地方工会合作，精心推出"优秀技术工人百工百法丛书"，在全国范围内总结 100 种以工匠命名的解决生产一线现场问题的先进工作法，同时运用现代信息技术手段，同步生产视频课程、线上题库、工匠专区、元宇宙工匠创新工作室等数字知识产品。这是尊重技术工人首创精神的重要体现，是工会提高职工技能素质和创新能力的有力做法，必将带动各级工会先进操作法总结、命名和推广工作形成热潮。

此次入选"优秀技术工人百工百法丛书"作者群体的工匠人才，都是全国各行各业的杰出技术工人代表。他们总结自己的技能、技法和创新方法，著书立说、宣传推广，能让更多人看到技术工人创造的经济社会价值，带动更多产业工人积极提高自身技术技能水平，更好地助力高质量发展。中小微企业对工匠人才的孵化培育能力要弱于大型企业，对技术技能的渴求更为迫切。优秀技术工人工作法的出版，以及相关数字衍生知识服务产品的推广，将对中小微企业的技术进步与快速发展起到推动作用。

当前，产业转型正日趋加快，广大职工对于技术技能水平提升的需求日益迫切。为职工群众创造更多学习最新技术技能的机会和条件，传播普及高效解决生产一线现场问题的工法、技法和创新方法，充分发挥工匠人才的"传帮带"作用，工会组织责无旁贷。希望各地工会能够总结、命名和推广更多大国工匠和优秀技术工人的先进工作法，培养更多适应经济结构优化和产业转型升级需求的高技能人才，为加快建设一支知识型、技术型、创新型劳动者大军发挥重要作用。

中华全国总工会兼职副主席、大国工匠

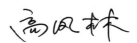

作者简介
About The
Author

许映龙

    1968 年出生，正研级高级工程师，国家气象中心（中央气象台）首席预报员，台风与海洋气象预报中心技术总师，中国气象局重点创新团队远洋气象导航团队首席科学家，中国科学院大学地球与行星科学学院兼职首席教授。

    曾获"全国先进工作者""中央国家机关五一劳动奖章""中国气象局重大气象服务先进个

人""全国气象系统先进工作者"、2023 年"大国工匠年度人物"和"北京市科学技术奖三等奖"等多项荣誉和称号,享受国务院政府特殊津贴。先后入选全国台风及海洋气象专家工作组成员、新时代气象高层次科技创新人才计划气象领军人才和气象战略科技人才以及国家防汛抗旱总指挥部防汛抗旱专家。

许映龙长期从事台风监测预报业务及技术研究,先后组织或参与若干重大台风过程的成功预报服务、重大台风或疑难台风过程的技术总结以及业务流程和服务规范改进等工作;主持或参与国家科技支撑计划、国家重点基础研究发展计划、国家重点研发计划、国家自然科学基金项目、公益性行业(气象)科研专项、风云三号/四号气象卫星地面应用系统示范项目、台风业务科研发展专项等多项项目的研发。其主持研发的基于深度学习模型的台风路径集合预报订正方法、基于多种智能计算方法的台风路径集成预报模型和基于风云气象卫星的台风监测分析技术等多项成果在业务应用中效益显著,为我国台风监测预报业务的发展作出了突出贡献。

心怀专注，敬畏和责任，尽自己最大的努力，去延缓
温血平板的衰亡，筑牢气象防灾的第一道防线。

许味沁

目　　录
Contents

引　言
Introduction

　　我国是世界上受台风袭击最多的国家，平均每年约有 7 个台风登陆我国，夏秋季节沿海各省自南向北均可能受到台风活动的影响。一方面，台风给沿海地区带来丰沛降水，给酷暑中的人们送来短暂的清凉；另一方面，因其破坏性巨大，所到之处往往伴随狂风、暴雨、巨浪，也给人民生命财产安全和经济社会发展带来巨大损失。

　　作为台风预警的重要组成部分，台风强度的监测和预报是制作发布台风预警的重要基础信息之一，特别是当台风即将登陆时，高精度的台风强度监测和预报信息对防台减灾工作和保障人民生命财产安全至关重要。

　　台风生成于热带或副热带洋面，由于海洋观测资料稀缺，且地面雷达的探测距离有限（最远为460km），气象卫星遥感探测一直是台风监测的主要手段，尤其对远海台风的监测。当台风接近陆地时，雷达遥感观测、地面气象自动站、海岛测站、浮标及石油平台测站等多源观测资料的综合应用则成为确定台风强度的主要依据。而台风强度预报一般是通过大气及海洋环境形势分析以及数值天气预报模式和动力统计模型等客观预报方法的应用，结合预报员自己的主观经验进行综合预报的结果。本书给出台风强度监测的主要分析步骤和台风强度预报的主要着眼点，包括 Dvorak 技术分析流程和台风强度综合预报方法，以供参考。

第一讲

台风强度定义和等级划分

根据我国《热带气旋等级》国家标准（GB/T 19201—2006），热带气旋是指生成于热带或副热带洋面上、具有有组织的对流和确定的气旋性环流的非锋面性涡旋。作为一种快速旋转的大气涡旋，在北半球呈逆时针方向旋转，在南半球呈顺时针方向旋转。全球每年平均有 80~90 个台风活动，分布在西北太平洋及南海、北印度洋、东太平洋、北大西洋及加勒比海、西南印度洋、西南太平洋和东南印度洋等七大海域。

台风的强度由以下三个参数来确定：

（1）台风内核强度（Intensity）。台风内核强度是指台风近中心底层的最大风速（V_{max}）或台风中心的最低海平面气压（P_{min}），P_{min} 越低，V_{max} 就越大。

（2）台风外包区或外围区平均风速的强度（Strength）。对一些台风来说，虽然其内核强度不大，但其外包区或外围区风力很大。

（3）尺度和大小（Size）。研究表明，加强期台风眼区对流活动旺盛，伴随着眼的收缩；眼的放大和松散表明台风衰减。因此，眼的大小在一定程度上表明台风强度的大小。台风气旋性环流范围的大小，或最外圈闭合等压线的平均直径，有的为上千千米，有的为两三百千米。

一般而言，各国均以台风的内核强度作为台风强度的主要参数。

根据我国《热带气旋等级》国家标准（GB/T 19201—2006）的定义，热带气旋的强度以热带气旋底层（近地面或近海面）中心附近的最大平均风速（2min平均风速）来表征，并将热带气旋分为热带低压、热带风暴、强热带风暴、台风、强台风和超强台风等6个等级（见表1）。在我国，一般把热带风暴、强热带风暴、台风、强台风和超强台风等5类统称为台风。

表 1　热带气旋等级划分

热带气旋等级		底层中心附近最大平均风速（m/s）	底层中心附近最大风力（级）
中文名称	英文名称（缩略语）		
热带低压	Tropical Depression（TD）	10.8~17.1	6~7
热带风暴	Tropical Storm（TS）	17.2~24.4	8~9
强热带风暴	Severe Tropical Storm（STS）	24.5~32.6	10~11
台风	Typhoon（TY）	32.7~41.4	12~13
强台风	Severe Typhoon（STY）	41.5~50.9	14~15
超强台风	Super Typhoon（SuperTY）	≥ 51.0	16 或以上

第二讲

台风强度分析技术流程

　　台风生成于热带或副热带洋面，由于其破坏力巨大，加之海洋观测资料稀缺，用观测风和气压的方式直接测量台风强度几乎是不可能的。

　　目前世界各国（包括中国、美国和日本等）均采用美国气象学家维农·德沃夏克（Vernon Dvorak）研发的 Dvorak 分析技术，根据静止气象卫星红外云图和可见光云图的台风云型特征及其变化确定台风强度。该技术于 1987 年由世界气象组织推荐使用，已成为在缺少飞机探测下监测台风强度的世界标准。

一、Dvorak 分析技术假定

　　在卫星云图上，台风强度是台风云型结构多种特征的综合反映。这些特征包括台风环流中心、中心强对流云区范围、外围螺旋云带以及台风眼区周围云顶亮温、眼区亮温等。

　　Dvorak 技术分析方法就是在假定台风云型

特征变化与台风的某一发展阶段和一定的强度相对应的基础上，通过对卫星云图上的台风云型结构特征进行提取和分析，得到用于表征台风强度的台风现时强度指数（Current Intensity Number，CI），同时将 CI 指数定义为 0~8 范围内，以 0.5 为变化单位。不同的 CI 指数对应台风的不同强度和发展阶段（见图 1），CI 指数越大，台风强度越强。

Dvorak 分析技术之所以能够反映台风强度变化，关键在于其包含了影响台风强度变化的动力因子和热力因子。其动力因子包括台风云带的弯曲程度和深对流偏离台风中心的距离，分别反映了台风涡度大小和高低空环境风场水平风速垂直切变大小；其热力因子包括台风云型分类和台风眼区亮温，分别反映了台风对流和内核的发展强度。

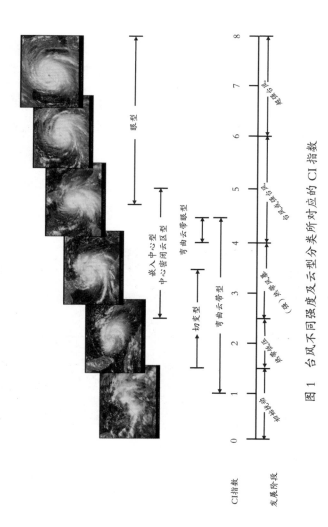

图 1 台风不同强度及云型分类所对应的 CI 指数

二、Dvorak 台风云型分类

在 Dvorak 技术分析流程中，根据云型特征，台风云型划分为弯曲云带型（Curved Band）、切变型（Shear）、眼型（Eye）、中心密闭云区型（Central Dense Overcast, CDO）、嵌入中心型（Embedded Center）和中心冷云盖型（Central Cold Cover, CCC）等 6 种类型（见图 2）。

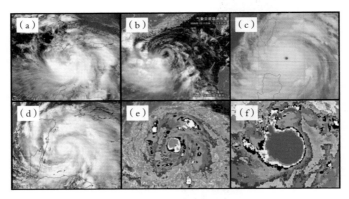

图 2　Dvorak 台风云型分类示例

注：（a）弯曲云带型；（b）切变型；（c）眼型；（d）中心密闭云区型；（e）嵌入中心型；（f）中心冷云盖型

1. 弯曲云带型

大多数台风云系是围绕着少云区形成一条由对流云和高层碎云组成的弯曲云带。在发展早期，还可以看到两条连在一起的弯曲云带。在弯曲云带发展过程中，随着中心附近密闭云区云量的增加，中心气压呈现明显的下降趋势。对于迅速发展的台风，弯曲云带形成 2 天后，其强度可达到台风级，而对于缓慢发展的台风，则需要 4 天或更多时间。

2. 切变型

切变型云系是一种经常可以观测到的台风云系，一般出现在台风发展的早期或衰弱阶段。由于受到较大的环境风垂直切变的影响，环绕台风中心的深对流云区发展受到抑制，深对流云区的一边出现陡直的边界，低层云线部分或完全暴露出来，可见光云图上可以看到低层云线环绕着台风的低层中心（LLCC）。对于具有切变型云系的台风，当环境风垂直切变减小或强度发展时，原来外露的低层环流中心可能被强对流云区覆盖。

3. 眼型

台风眼是台风发展到一定阶段的特殊现象，一般出现在系统达到强热带风暴级后24h。当弯曲云带环绕台风中心完全闭合后，可在云系中观测到明显的台风眼，包括规则眼型（Regular Eye）、不规则眼型（Ragged Eye）和弯曲云带眼型（Banding Eye）。眼形成后，在可见光云图上，其继续加强的征兆是眼越来越清晰，或眼周围的密闭云区变得越来越深厚；在红外云图上，则表现为眼变得越来越暖，或眼周围的深对流云区变得越来越冷。

4. 中心密闭云区型

当台风云系发展到一定阶段后，其低层中心被高云所覆盖，看不到低层的环流中心。在可见光云图上，将这种台风云型称为中心密闭云区

型，台风中心一般位于上冲云顶（Overshooting
Tops）附近，且可以确定在最高上冲云顶处。中
心密闭云区大小与台风强度有着相当密切的关
系，在热带风暴级或强热带风暴级阶段，中心密
闭云区直径约为 1 个纬距；在台风级及以上强度
阶段，中心密闭云区直径约为 2 个纬距。

5. 嵌入中心型

当台风云系发展到一定阶段后，其低层中心
被高云所覆盖，看不到低层的环流中心。在红外
卫星云图上，将这种台风云型称为嵌入中心型。
台风中心一般位于深对流云区暖点（Warm Spots）
附近，且靠近最强亮温梯度的边缘附近。

6. 中心冷云盖型

当台风中心附近有深层对流爆发性发展，未
能有效组织成中心密闭云区时，将这种台风云型
称为中心冷云盖型。它易与切变型、中心密闭云
区型或嵌入中心型相混淆。红外云图可观测到云

系中心附近大块近似圆形的膨胀冷云；在可见光
云图上可看到薄的密闭卷云区从系统中心向外扩
张。其主要特征是外形浑圆或逗号状的深层强对
流云团；边缘清晰，外螺旋环流不明显；云顶亮
温（＜ –70℃），卷云范围大（>60%），呈不均匀
分布状态，覆盖台风大部分区域；云盖内降雨剧
烈，但不集中在中心附近。冷云盖中有大量冰晶
形成，可激发重力波，减弱台风暖心结构、高空
辐散及上升运动。因此，冷云盖一旦形成，通常
代表台风在未来 12~24h 停止增强。

三、Dvorak 技术分析工具

Dvorak 技术分析使用的工具包括 BD 增强显
示红外云图和 10° 对数螺旋线板（见图 3），前者
主要用于分析台风云型特征，后者则是用于度量
台风弯曲云带弧长。

在 BD 增强显示红外云图中，根据云系云顶

亮温不同，将台风云系颜色分为暖中灰（WMG）、灰白（OW）、深灰（DG）、中灰（MG）、浅灰（LG）、黑色（B）、白色（W）、冷中灰（CMG）和冷深灰（CDG）等 9 个色阶（见表 2）。由外围云系到眼墙附近，对流云区亮温逐渐降低，眼区亮温相对较高。通过 BD 增强显示红外云图，可清晰直观地分辨台风螺旋云带、中心云区和眼区亮温及对流发展强度，可用于台风云系主要特征和指数分析。

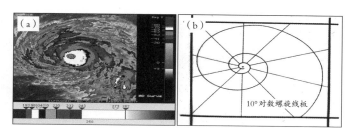

图 3　Dvorak 技术分析工具

注：（a）BD 增强显示红外云图；（b）10° 对数螺旋线板

表 2 BD 增强显示红外云图色阶灰度代码和温度范围

色阶灰度范围 Color Range	云顶温度范围 Cloud Top Temperature Range (°C)	色阶名称/缩写 Name/ Abbreviation
0-255	>9.0	暖中灰（Warm Medium Gray, WMG）
109-202	9.0 to -30	灰白（Off White, OW）
60-60	-31 to -41	深灰（Dark Gray, DG）
110-110	-42 to -53	中灰（Medium Gray, MG）
160-160	-54 to -63	浅灰（Light Gray, LG）
0-0	-64 to -69	黑（Black, B）
255-255	-70 to -75	白（White, W）
135-135	-76 to -80	冷中灰（Cold Medium Gray, CMG）
85-85	< -80	冷深灰（Cold Dark Gray, CDG）

四、热带扰动分析启动条件

一个热带扰动系统是否可以开始进行 Dvorak 技术分析，需满足以下 3 个条件（见图 4）：

（1）系统持续了 12h 以上。

（2）系统在直径小于或等于 2.5 个纬距范围内的云系中心（Cloud System Center，CSC）持续了 6h 以上。

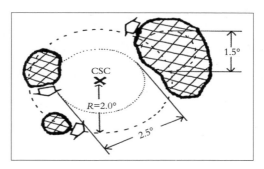

图 4 热带扰动分析启动条件示意

（3）有一个宽度大于 1.5 个纬距的浓密而冷的（红外云图上的亮温值低于 –31℃）密闭云区，且该密闭云区距离系统中心不超过 2 个纬距。

同时满足上述 3 个条件的热带扰动的初始 T 指数定义为 1.0 或 1.5；上述条件将保证一个初始热带扰动在未来有足够且稳定发展的深对流云团，在合适的环境场条件下，可预报该系统在未来 24~36h 发展为台风（最终强度指数 FT 达到 2.5）；若初始涡旋没有发展，则在初始的 T 指数后面加负号表示。

五、Dvorak 技术分析流程步骤

（一）确定资料分析指数（Data T Number, DT）

资料分析指数（以下简称 DT）是基于当前云图的台风云系特征，选择适合的 Dvorak 分析云型，按步骤分析得到的指数。云型可能在几小时内发生较大变化，选择云型对确定强度至关重要。

1. 弯曲云带型

当台风云系为弯曲云带型时，DT 确定规则如图 5 和图 6 所示。使用 10° 对数螺旋线板进行弧长分析，确定 DT 的具体分析流程如下：

（1）将 10° 对数螺旋线板的曲率中心放在确定的台风云系中心位置上。

（2）旋转对数螺旋线板，找到合适的弯曲云带，在 BD 云图上，弯曲云带必须是温度低于 −31℃ 的连续云带，即深灰（DG）颜色以上的连续云带，由外向里画出弯曲云带曲线。

（3）度量弯曲云带的弧长，根据 DT 确定规

则，给出相应的 DT。

（4）弯曲云带为白色时，DT 可加 0.5。

（5）弯曲云带弧长 >1.0° 时，使用可见光云图弯曲云带型 DT 确定规则（见图 6）分析。

对于弯曲云带型，识别、度量云带弧长存在主观性，DT 分析具有主观性，其强度可以是热带低压（TD）、热带风暴（TS）、强热带风暴（STS）和台风（TY）。

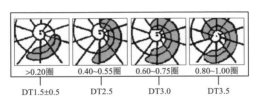

图 5　BD 增强显示红外云图弯曲云带型 DT 确定规则

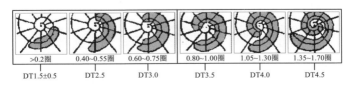

图 6　可见光云图弯曲云带型 DT 确定规则

2.切变型

当台风云系为切变型时，DT 确定规则如图 7
所示，可根据台风云系中心与浓密对流云区的距
离进行 DT 分析。注意这里的浓密对流云区必须
是 BD 云图上温度低于 −31℃的对流云区，即深
灰（DG）颜色以上的对流云区。切变型云系的
台风可以是热带低压（TD）、热带风暴（TS）和
强热带风暴（STS）。

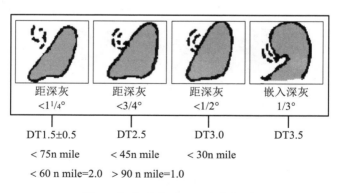

图 7   切变型台风 DT 确定规则

3. 眼型

对于眼型台风，确定 DT 的具体分析流程如下：

（1）在进行 DT 分析前，首先应确定该系统过去 24h 前的最终强度指数（FT）是否大于 2.0，如果不满足，则不能选择眼型进行 DT 分析，而应使用弯曲云带型进行分析，或直接转入模式期望指数（Model Expected T-Number，MET）分析。

（2）确定眼指数（Eye#）。

（3）确定眼调整指数（Eye_{adj}）。

（4）确定中心特征指数（CF），中心特征指数（CF）定义为眼指数（Eye#）与眼调整指数（Eye_{adj}）之和，即 CF= Eye# + Eye_{adj}。

（5）确定带状特征指数（BF）。

（6）确定 DT，DT 定义为中心特征指数与带状特征指数之和，即 DT=CF+BF。

需要指出的是，针对红外云图和可见光云图的眼型强度分析流程存在较大的差异，且使用可见光云图眼型进行强度分析时，不同分析人员确定的 DT 存在较大的差异。在实际业务中，不建议采用可见光云图眼型强度分析流程进行 DT 分析。因此，下文仅就红外云图眼型分析流程进行介绍。

在进行 DT 分析前，应先判断系统过去 24h 前的最终强度指数（FT）是否大于 2.0。如果不满足，则不能选择眼型进行 DT 分析，而使用弯曲云带型分析，或直接转入模式期望指数（MET）分析。

对于具有眼型（Eye）的台风云系，在进行 DT 分析时，使用的眼型是指任何种类的台风眼，包括规则眼型、不规则眼型和弯曲云带眼型，且使用的是台风眼区，而不使用台风中心。

（1）确定眼指数（Eye#）。根据满足最小宽度限制的完全包围台风眼区的最冷云带的颜色，按照红外云图眼型分析流程眼指数（Eye#）确定规则（见表 3），确定台风眼指数。

表 3　红外云图眼型分析流程 Eye# 确定规则

								n mile
完全包围台风眼区的最冷云带的最小宽度	30	30	30	24	24	18	18	纬距
满足最小宽度限制的完全包围台风眼区的最冷云带的颜色	≥ 0.5	≥ 0.5	≥ 0.5	≥ 0.4	≥ 0.4	≥ 0.3	≥ 0.3	BD 曲线
	CMG 冷中灰	W 白色	B 黑色	LG 浅灰	MG 中灰	DG 深灰	OW 灰白	
眼指数（Eye#）	6.5	6.0	5.5	5.0	4.5	4.5	4.0	—

具体分析步骤如下：

①找出完全包围台风眼区的最冷云带（色带）。

②测量最冷云带（色带）的内边缘与外边缘之间的宽度。

③检查最冷云带（色带）的宽度是否满足最小宽度限制。

④若最冷云带（色带）的最小宽度不满足最小宽度限制，则测量完全包围台风眼区的次冷云带（色带）的宽度，以此类推。

⑤根据满足最小宽度限制的完全包围台风眼区的最冷云带的颜色，确定眼指数（Eye#）。

（2）确定眼调整指数（Eye_{adj}）。根据台风眼区的颜色（最暖点或区域）和完全包围台风眼区的最冷云带（色带），按照红外云图眼型分析流程 Eye_{adj} 确定规则（见表4），确定台风眼调整指数。分析时需要注意的是，这里最冷云带不考虑

表 4　红外云图眼型分析流程 Eye$_{adj}$ 确定规则

	台风眼区颜色（温度）						
		WMG	OW	DG	MG	LG	B	W
完全包围台风眼区的最冷云带的颜色（温度）	OW	0	-0.5					
	DG	0	0	-0.5				
	MG	0	0	0	-0.5			
	LG	+0.5	0	0	0	-0.5		
	B	+1.0	+0.5	0	0	0	-0.5	
	W	+1.0	+0.5	+0.5	0	0	-1.0	-1.0
	CMG	+1.0	+0.5	+0.5	0	0	-0.5	-1.0

最小宽度限制。

（3）确定中心特征指数（CF）。中心特征指数（CF）定义为眼指数（Eye#）与眼调整指数（Eye_{adj}）之和，即 $CF = Eye\# + Eye_{adj}$。

（4）确定带状特征指数（BF）。仅当系统存在一条明显的逗点状尾云带，且同时满足 CF<MET 与 CF>4.0，才需进行 BF 调整。若没有 BF 分析，红外云图眼型台风的最大 DT 只能达到 7.5，只有加上 BF，才能达到 8.0。逗点状的尾云带必须同时具有如下 4 个特征：

①环绕中心或逗点状的云带至少达 1/4 弧长。

②尾云带为 MG 或更冷。

③尾云带与中心云区间存在 DG 或更暖的暖云楔。

④暖云楔顶点与尾云带末端之间的垂直距离至少为尾云带前端到末端的垂直距离的 1/2。

BF 调整规则如图 8 所示，具体确定规则如下：

①当暖云楔顶点与尾云带末端之间的垂直距离大于或等于尾云带前端到末端的垂直距离的1/2时，BF=0.5。

②当暖云楔顶点与尾云带末端之间的垂直距离大于或等于尾云带前端到末端的垂直距离的2/3时，BF=1.0。

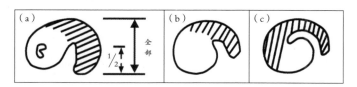

图 8　红外眼型分析流程 BF 调整规则
注：（a）BF=0.5；（b）BF=0.5；（c）BF=1.0

（5）确定资料分析指数（DT）。DT 定义为中心特征指数（CF）与带状特征指数（BF）之和，即 DT = CF + BF。

在红外云图眼型台风强度分析流程中，需要注意的是，卫星天顶角和卫星图像分辨率均会对红外云图眼型台风强度分析结果产生影响。

当台风距离卫星较近时，天顶角或视角小，对台风强度分析影响较小。当台风距离卫星较远时，如当台风位于全圆盘卫星图像边缘时，由于卫星天顶角或视角较大，卫星观测到的云顶亮温较低。若眼区的亮温灰度相同或基本一致，则有可能会高估台风的强度。此时眼区也有可能被高云所覆盖，眼区的亮温也较低，若符合最小宽度限制的完全包围眼区的云区最冷云带亮温灰度相同或基本一致，则有可能低估台风的强度。因此，进行 Dvorak 分析时，应尽可能使用距台风较近的卫星。

对一些具有小眼台风（直径小于 10n mile），较粗分辨率的卫星图像，由于可能看不到台风眼区的最暖亮温，往往会低估台风的强度。

4. 嵌入中心型

嵌入中心型仅适用于红外云图分析，在可见

光云图上则对应表现为中心密闭云区型。由于中心密闭云区型强度分析流程存在较大的主观性，不同分析人员分析的 DT 存在较大的差异，在实际业务中，一般不建议采用中心密闭云区型分析 DT，而采用红外云图的嵌入中心型进行分析。

采用嵌入中心型进行 DT 分析时，必须同时满足以下两个条件：

①台风中心位于冷云区中，且中心与冷云区边界的嵌入距离大于 0.4°。

②过去 12h 的 T 指数必须大于或等于 3.5。

若不能同时满足上述两个条件，则使用弯曲云带型进行 DT 分析，或直接转入模式期望指数（MET）分析。

嵌入中心型台风 DT 分析的具体步骤如下：

（1）确定中心特征指数（CF）。根据环绕台风中心的最冷云带环的最小宽度（嵌入距离），按照表 5 的确定规则，确定 CF。需要说明的是，台风中心位置决定嵌入距离的大小，嵌入中心型台风中心位置确定具有较大的主观性和不确定性，而嵌入距离差异可导致分析精度具有较大的不确定性。

表 5　嵌入中心型台风中心特征指数（CF）确定规则

环绕中心的 云带环颜色	W 白色或 更冷	B 黑色	LG 浅灰	MG 中灰	DG 深灰	OW 灰白
嵌入距离（°） （最小宽度）	≥ 0.6	≥ 0.6	≥ 0.5	≥ 0.5	≥ 0.4	≥ 0.4
中心特征指数 （CF）	5.0	5.0	4.5	4.0	4.0	3.5

（2）确定带状特征指数（BF）。嵌入中心型台风一般伴有外围螺旋云带，需要根据情况进行 BF 的调整，其调整规则与红外云图眼型台风分析流程中的 BF 调整确定规则完全相同（见图 8）。

（3）确定 DT。DT 定义为中心特征指数（CF）与带状特征指数（BF）之和，即 DT = CF + BF。

5. 中心冷云盖型

中心冷云盖型适用于可见光云图和红外云图，其精确定位非常困难，中心定位大多依据连续性原则确定，一般位于对流云区边缘，其强度可以是热带风暴或强热带风暴。对于中心冷云盖型台风，无须进行云型分析，而是按照下列的确定规则进行 DT 分析，并作为最终强度指数（FT），直接跳转确定台风现时强度指数（CI）。

（1）当过去 T 指数 ≤ 3.0 时，未来 12h 内 T 指数可按照过去 12h 趋势变化（增强、减弱或无变化）确定，之后保持 T 指数不变，直到中心冷云盖型消失。

（2）当过去 T 指数 ≥ 3.5 时，T 指数保持不变，直到中心冷云盖型消失。

在对中心冷云盖型台风进行 DT 分析时，需注意不要因中心冷云盖型台风的范围缩小，就估计其强度出现减弱状况，而应维持其强度不变。

（二）确定模式期望指数（MET）

模式期望指数（MET）定义为台风过去 24h 强度变化趋势与该台风 24h 前的最终强度指数（FT）之和。MET 可以视为台风强度 T 指数的粗略估计值，也可以理解为台风强度变化的气候平均值（Climatology Rate）。当热带扰动分析启动时，最初的 MET 定义为 1.0。确定 MET 需要注意以下几点：

一是当台风是中心冷云盖型时，无须进行 MET 分析，而是直接跳转确定台风现时强度指数（CI）。

二是不得参考实测的风场数据修订 MET。

三是 MET 的确定，不考虑眼墙替换过程（Eyewall Replacement Cycles），即眼墙替换过程并不是 Dvorak 概念模式的一部分。

1. 确定系统过去 24h 的强度变化趋势

系统过去 24h 的强度变化趋势是通过将当前

的台风卫星图像与 24h 前的卫星图像相比较而确
定的。台风强度的变化趋势分为发展（D）、减弱
（W）和无明显变化（S）等 3 类。根据台风强度
变化剧烈程度，又将发展和减弱趋势分为快速
发展 / 减弱（D+/W+）、正常发展 / 减弱（D/W）
和缓慢发展 / 减弱（D-/W-）等 6 类（见图 9）。
快速发展 / 减弱（D+/W+）24h MET 的变化量
为 +/-1.5，正常发展 / 减弱（D/W）24h MET 的
变化量为 +/-1.0，缓慢发展 / 减弱（D-/W-）24h
MET 的变化量为 +/-0.5，具体如图 9 所示。同时
定义下列两种情况的台风强度发展趋势为：热带
扰动分析启动时，台风最初强度发展趋势为正常
发展（D）；热带扰动分析启动后 18h 内，台风强
度发展趋势也为正常发展（D）。

　　在确定系统过去 24h 的强度变化趋势时，通
过将当前时刻与过去 24h 前的卫星云图上的台风
中心或眼区，以及围绕台风中心或眼区的密闭云

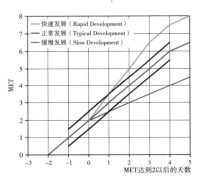

（a）发展阶段

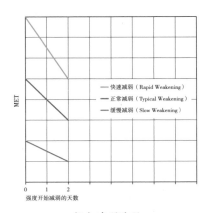

（b）减弱阶段

图 9　Dvorak 台风强度发展模式曲线

注：图中绿色线条与其两侧黑色线条之间的区域表示正常发展台风的 MET 强度指数变化范围

区（CDO）和螺旋云带等云图特征变化进行比较，以确定系统是发展、减弱还是无明显变化。表 6 给出了表征台风过去 24h 强度变化趋势的卫星云图特征。24h 卫星云图变化趋势特征比较可有效避免云系对流日变化影响，即白天云顶亮温上升、夜间云顶亮温下降的日变化对台风强度变化趋势分析的影响。

2. 确定模式期望指数（MET）

MET 定义为台风过去 24h 强度变化趋势与该台风 24h 前的最终强度指数（FT）之和，具体确定规则如下：

（1）快速发展 / 减弱（D+/W+）台风，MET= 24h 前 FT+/-1.5。

（2）正常发展 / 减弱（D/W）台风，MET= 24h 前 FT+/-1.0。

（3）缓慢发展 / 减弱（D-/W-）台风，MET= 24h 前 FT+/-0.5。

表 6　台风过去 24h 强度变化趋势的卫星云图特征

台风强度变化趋势	台风云系的卫星云图特征
强度发展 （D-Development）	· CSC 更容易清晰识别 · CSC 附近对流增强 · CSC 附近低云卷曲度增大 · 外露的 LLCC 更靠近强对流云区 · 原来外露的 LLCC 被云区所覆盖 · CDO 变大或变冷 · 系统主云带或环绕 CDO 云带增大或增多 · 台风眼区形成 · 台风眼区变得更暖 · 台风眼区变得更清晰 · 嵌入距离增大（最冷云带宽度加大） · 眼区不规则形态改善 · 环绕眼区云带更冷 · 环绕眼区的云带纹理更清晰光滑 · 环绕眼区的带状特征增强 · 日落前后，当云顶亮温没有明显回升或云系没有变暗，且持续 3h，需调低一定的 T 指数
强度减弱 （W-Weaken）	· 台风云型或云系持续出现与台风强度发展特征相反的变化特征 · 应特别留意两种情况：台风云切变特征增强，夜间云顶亮温出现回升或云顶高度降低
强度无明显变化 （S-Steady）	· 与冷云带相关的 CSC 没有出现明显的变化 · 发展和减弱特征同时出现 · T 指数 ≥ 3.5 的系统出现中心冷云盖 · 较弱系统出现中心冷云盖，且持续 12h 以上

（4）强度无明显变化（S）台风，MET=24h
前 FT。

（三）确定云型指数（PT）

台风云型指数（Pattern T Number，PT）是
将当前台风云型特征与 Dvorak 事先给定的台风
云系型态（见表7）进行比对得出的指数，主要
在需要对 MET 进行调整时使用。比对前，需要
根据分析的 MET，选择与 MET 数值对应的一栏
或左右相邻两栏和当前云型特征比对，然后选择
匹配最好的云系型态对应的云型指数作为当前的
PT。若当前云型特征与 MET 数值对应一栏相邻
的右（左）栏更为匹配时，在 MET 数值上加（减）
0.5 作为当前的 PT。

此外，在进行比对时，若匹配的云系型态的
阴影部分为白色或更冷色调时，可再加 0.5 作为
当前台风的 PT。需要说明的是，确定 PT 时，只
有当台风云型特征明显地强于或弱于 MET 数值

表 7　BD 增强显示红外云图上不同云型强度指数对应的台风云系型态

台风云型特征型态	热带低压 PT 1.5±0.5	热带风暴 PT 2.5	强热带风暴 PT 3.5	台风 PT 4.0	强台风 PT 5.0	超强台风 PT 6.0
(A) 弯曲云带型 (Curved Band)						
(B) 中心密闭云区型 (CDO) 和眼型 (Eye)						
(C) 切变型 (Shear)						

所对应的云系型态时，PT 才可以与 MET 取不同的数值。

这里需要指出的是，目前一些业务中心采用如下的取值规则来确定 PT：

（1）理论上的 PT 取值范围为 PT=MET 或 PT=MET+/-0.5。

（2）若 DT 非常清晰，则 PT=DT。

（3）仅当云系非常强或非常弱时，PT ≠ MET，否则 PT=MET。

（4）当云系不清楚，强度确定非常困难时，FT=MET。

（四）确定最终强度指数（FT）

在前面分析的资料分析指数（DT）、模式期望指数（MET）和云型指数（PT）的基础上，应用给定的确定规则和限制规则，从 DT、MET 和 PT 三个指数中，选择其中一个指数，作为台风的最终强度指数（FT）。

1. FT 确定规则

（1）当台风云型特征清晰时，直接使用 DT 作为 FT。

（2）当台风云型特征不清晰，但云型可识别时，使用 PT 作为 FT。

（3）当台风云型特征不清晰，且云型难识别时，使用 MET 作为 FT。

2. FT 限制规则

（1）热带云团首次定强分析时的 FT 必须为 1.0 或者 1.5。

（2）台风最初发展的 48h 内，由于对流云团存在日变化，FT 不能在晚上减弱，在实际分析中规定为 20:00 至次日 5:00，即可看到可见光云图之前。但白天分析时，FT 可以出现减弱的情况。

（3）热带扰动云团首次定强分析 FT 为 1.0 以后的 24h 内，FT 必须小于或等于 2.5。

（4）当 FT < 4.0 时，6h 的变化量不能超过 0.5。

（5）当 FT ≥ 4.0 时，6h 的变化量不能超过 1.0，12h 的变化量不能超过 1.5，18h 的变化量不能超过 2.0，24h 的变化量不能超过 2.5。

（6）FT 必须在（MET−1.0）与（MET+1.0）之间变化。

需要说明的是，Dvorak 技术是在假定台风特定的云型特征与台风强度变化发展的特定阶段存在对应关系的前提下，根据典型台风的统计关系而建立的，因此并不能完全反映所有台风强度变化的真实情况。对于快速增强台风，其强度变化往往超过限制规则，严格使用限制规则可能导致低估强度，这时可打破规则，但需慎之又慎，只有在云型结构特征清晰、变化特征显著时，才能使用。

（五）确定现时强度指数（CI）

台风现时强度指数（CI）是基于前面分析的 FT，根据给定的确定规则而得到的指数，它是

Dvorak 技术的最终强度分析产品，直接与台风当前的强度状况相对应。给定的确定规则是为了保证 CI 不会因为云型结构指数虚高而定得过强；而在减弱阶段，台风低层风场往往会维持一段时间，因此 CI 也应保持相应的时间。

CI 确定规则具体如下：

（1）当台风处于发展阶段，CI 应与 FT 一致，即 CI=FT。

（2）当台风处于减弱阶段，CI 应高于 FT，即 CI＞FT。在实际分析时，台风减弱的最初 12h 内，CI 保持不变，之后保持较 FT 高于 0.5 或 1.0。

（3）当台风再次发展时，FT 未增至 CI 前，CI 应保持不变。

需要指出的是，每次台风业务定强分析后，须根据卫星图像演变对先前分析结果进行检查。当先前分析出现误差时，须及时修正先前的 CI，以保证为后续分析提供可靠的 MET，且这种修正有时可能会改变业务定强分析的结果。

（六）确定台风中心风速和气压

Dvorak 技术并不是对台风风场和气压场的直接观测，它仅给出用于表征台风强度的 CI。为直观地了解台风强度状况，还需将反映台风强度的 CI 与中心附近最大风速和中心最低海平面气压联系起来。在实际业务分析中，通常由 CI 与中心最大风速的经验关系来确定中心附近最大风速，而中心最低海平面气压则通过应用台风风压关系得到（见表 8）。

在台风定强分析中，可以根据 CI 分析结果，查找表中 CI 对应的中心风速和中心最低海平面气压，最终确定台风中心附近风速和中心最低海平面气压，并可以根据分析时刻台风云系的具体细节特征变化，在取值范围内进行适当地调整。

（七）Dvorak 技术的局限性

Dvorak 技术并不是对台风风场和气压场的

表 8　CI 指数与台风中心最大风速和海平面气压的对应关系

CI 指数	中心附近最大风速（m/s）	中心最低海平面气压可取值范围（hPa）
2.5	18	995~998~1000
	20	990~995
3.0	23	982~990
	25	980~985
3.5	28	975~982
	30	975~980
4.0	33	970~975
	35	965~970
4.5	38	960~965
	40	955~960
5.0	42	950~955
	45	945~950
5.5	48	940~945
	50	935~940
6.0	52	930~935
	55	925~930
6.5	58	920~925
	60	915~920
7.0	62	910~915
	65	905~910
7.5	68	900~905
	70	895~900
	72	890~895
8.0	75	885~890
	78	880~885
	80	875~880

注：红色数值表示中心最低海平面气压的优先取值

直接观测，而是在假定台风特定的云型特征与台风强度变化发展的特定阶段存在对应关系的前提下，根据典型台风的统计关系而建立的，因此 Dvorak 技术并不能完全反映所有台风强度变化的真实情况，其技术本身具有一定的局限性。这种局限性主要表现在以下方面：

（1）对于一些小尺度的台风（Midget Typhoon），由于环绕台风中心的深对流冷云区最小宽度往往达不到 Dvorak 限定规则中对相应色阶的深对流冷云区的最小宽度要求，严格按照 Dvorak 限定规则进行分析常会产生一定的偏差，低估其强度。

（2）Dvorak 技术的一系列限制规则对台风强度突变的考虑存在不足，Dvorak 规定：当 FT < 4.0 时，其 6h 的变化量不能超过 0.5；当 FT ≥ 4.0 时，其 6h 的变化量不能超过 1.0，12h 的变化量不能超过 1.5，18h 的变化量不能超过 2.0，24h 的变化量不能超过 2.5。现实中，一些快速增强台

风的强度变化往往超过上述限制规则，因此当台风云型结构特征清晰、变化特征特别明显时，可打破 Dvorak 规则和约束的限制，但需审慎为之。

（3）对于一些由季风低压发展而来的尺度较大的台风，其中心附近由于缺少深对流，Dvorak 分析也常会低估其强度。

（4）对于一些移速较快的台风，由于环境风场的叠加和作用，常会造成台风破坏力的加强，而这时的 Dvorak 分析也常会低估其强度。

（5）对于同时具有斜压性和正压性特征的温带气旋，特别是变性中（后）台风，Dvorak 分析也会由于系统中心附近缺乏持续的深对流云区而低估其强度。

（6）对一些临近登陆的台风，由于受到地形的影响，台风云系结构遭到破坏或削弱，中心附近对流云系较为松散，Dvorak 分析也常会低估其强度，而这些台风往往在海岸地形向岸风的作用下，观测到的地面风速会非常大。因此，对临近登陆的台风，Dvorak 技术业务定强分析结果有时会出现较大的偏差，这时应综合应用极轨气象卫星微波遥感及洋面风场、雷达、浮标、石油平台及沿岸和海岛地面气象观测站或飞机观测等多源资料，对 Dvorak 台风定强分析结果进行及时订正。

第三讲

影响台风强度变化的
主要因子

　　台风的强度变化涉及复杂的从对流尺度到天气尺度的多时空尺度天气系统之间的相互作用。此外，海洋或地形下垫面条件对台风强度也存在显著的影响。具体而言，影响台风强度变化主要包括以下三个方面的因子：海洋与台风涡旋的相互作用、环境大气与台风的相互作用、台风与中尺度系统的相互作用。

一、海洋与台风涡旋的相互作用

1. 海洋是台风水汽和潜热的主要来源

　　台风的能量主要来源于潜热释放加热，较高的海温会使海面水汽大量蒸腾到边界层大气，通过涡旋内的垂直运动输送到上空产生凝结潜热释放。而低空扰动涡旋的辐合和正涡度的制造均可加强上升运动，将大气边界层水汽输送到上空。

　　海温并非越高越好，高层过分增暖时，会使暖核所在气柱变得稳定，从而抑制台风内核气柱垂直运动的发展。

　　海洋对台风的另一个影响是在台风强风背景下所产生的飞沫（Sea Spray），这种飞沫在台风边界层内大量存在，飞沫的蒸发对台风强度变化将产生影响。已有的数值模拟结果表明，飞沫蒸发会减小台风的加强率，但对台风最终强度影响并不大。

　　2. 台风对海洋的影响

　　台风和海洋是相互作用（Interaction）的。在台风气柱盘踞下的洋面，台风气柱与周围相比气压低得多，这样的气压差将使台风气柱所在海面的深部冷海水向上涌升，这一过程就会降低海面和海面以下浅层的海水温度。

　　（1）若台风在这样的环境中停滞少动，海面冷却过程会持续，使台风减弱和衰亡。

　　（2）对于移动的台风，海面冷却对台风的影响时间短暂，不足以使台风减弱。

（3）台风移过的海面会遗留下一条冷尾迹，当另一个台风穿越该冷海水带时，强度就有可能减弱。

二、环境大气与台风的相互作用

台风的发展及其强度变化是多种尺度系统相互作用的结果，涉及高低层环境大气风与台风的相互作用。

1. 低层大气

低层大气如有水汽通道与台风涡旋联结，大量水汽通量由此通道输入台风，有利于台风的加强或维持。

2. 高层大气

高层大气环境对流出通道和高空辐散有更重要的影响。最新研究认为，高层流出是影响台风强度及其结构变化的关键因子。台风对流层上层和平流层低层较强的高空辐散场与流出气流对台风加强十分有利，但并非单纯的线性关系，还受其他因子牵制。高空急流的南侧存在大范围反气旋环流和相应的大尺度负涡度区。

台风沿西北方向移动进入负涡度区时，会使台风上空辐散场加强，有利于台风加强；台风继续前进，进入这支高空急流之下，使台风气柱风垂直切变加大，台风会突然减弱。

高层流出通道的建立对台风的加强发展非常重要，其形态在对流层上层、平流层下层强风速环境的影响下，呈现不对称分布，可分为 4 种（见图 10）：

（1）向极地的单通道流出型（Single-channel Poleward Outflow）。由西风槽前西南气流或西风急流形成，常出现在转向或较高纬度台风中；当台风位于高层反气旋（副热带高压）的西脊点时，也会出现此类通道。

（2）向赤道的单通道流出型（Single-channel

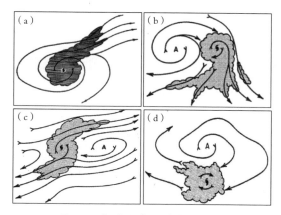

图 10　高层流出通道类型示意

注：（a）向极地的单通道流出型；（b）向赤道的单通道流出型；（c）双通道流出型；（d）无通道流出型

Equatorward Outflow）。一般位于较低纬度转向前，通常位于高空反气旋东侧或东风波西侧向赤道单通道流出，台风加强速度比向极地单通道流出要略快一些。

（3）双通道流出型（Dual-channel Outflow）。台风中心位于高层反气旋的西侧，高空急流和东风波共同作用下形成两个流出通道，台风强度增强较快。

（4）无通道流出型（No Channel Outflow）。台风一般位于高空反气旋南侧，当台风高层无明显流出时，台风通常无明显变化或减弱。

3.环境风垂直切变

环境大气对台风另一个重要的影响因素是环境风的垂直切变，它与台风强度变化之间存在明显的线性相关，在一定程度上可以通过环境风垂直切变倾向大小来识别台风的强度变化。大尺度环境风场强的垂直切变是台风发育成长的

"杀手"，它使胚胎或扰动的暖核减弱消散而不能形成台风，也使成熟台风暖核遭到破坏而强度减弱。

在西北太平洋，环境风垂直切变临界值为9~10m/s。当环境风垂直切变大于临界值，强度一般趋于减弱；当环境风垂直切变小于临界值，强度一般趋于加强或维持。

环境风垂直切变与台风强度变化之间常常出现不一致的情况，这与台风实际的强度（中心最低气压，Minimum Sea Level Pressure，MSLP）和热力动力环境（如最大潜在强度，Maximum Potential Intensity，MPI）等因素有关。

三、台风与中尺度系统的相互作用

台风环流内可能有中尺度小涡发展，也可能产生小尺度系统如龙卷。统计表明，台风中的龙卷多出现在其前右象限，但其他象限也时有发生。台风中的中尺度小涡可能发生在螺旋雨带中或出现在内核对流环的眼墙上。这类中小尺度对流系统的发展、合并均对台风强度产生影响。中尺度系统会在台风环流内吸取台风能量得到成长，有的会向台风提供能量而衰亡。

（1）当台风环流吸收了环境中尺度系统后，台风强度就可能出现急速加强。

（2）数值试验表明，当中尺度小涡并入台风环流或被台风所吸收，台风出现剧烈加强。

（3）当有中尺度云团（Cloud Cluster）并入台风或被台风环流所吸收，也可能导致台风的急速发展。

第四讲

台风强度综合预报方法

　　在目前的台风强度业务预报中，一般是通过对影响台风强度的多个气象因子进行综合分析，同时结合一些强度客观预报方法来制作台风强度预报的。

　　由于目前台风强度客观预报准确率不高，在实时台风强度业务预报中，预报员除了参考台风强度客观预报的结果，还要通过分析影响台风强度的多个气象因子来对台风强度的变化趋势给出定性分析，最后还要结合预报员自己的主观经验对台风强度客观预报的结果进行订正。

一、高层辐散流出条件分析

　　高层辐散流出条件分析包括高层反气旋流场（Upper-level Anticyclone）配置类型分析和热带高层对流层槽（Tropical Upper Tropospheric Trough，TUTT）条件分析。

（一）高层反气旋流场配置类型分析

从大尺度来看，台风在眼区周围低层水平辐合形成大量的上升运动，在高层辐散流出，因此高层的流出结构及其强弱对台风强弱有很直接的关系。

台风上空对流层高层 150/200/250hPa 上有无明显的辐散气流是台风能否继续发展的重要标志，而台风高层反气旋流场的不同分布和类型决定了台风高层辐散的大小。

1. 配置类型

（1）单通道流出型配置。包括向极地的单通道流出型和向赤道的单通道流出型两种流型配置。单通道流出情况下，台风强度的加强速度一般。相对来说，当出现向赤道的单通道流出时，台风强度的加强速度比出现向极地的单通道流出时略快一些。

（2）双通道流出型配置。通常情况下，出现高层双通道流出时，台风强度增强较快。

（3）无通道流出型配置。当发现台风高层无明显流出时，台风强度通常无明显变化或出现减弱。

2. 高空急流对台风强度的影响

在进行高层辐散流出（辐散）条件分析时，需要特别关注南亚高压北侧的副热带西风急流和南侧的热带东风急流对台风强度的影响。

（1）高空副热带西风急流。对流层上部和平流层下部的西风大槽前的西风急流，对台风的发生发展有着双重的影响。

①当热带扰动或台风靠近西风急流，但还有一定距离时，急流给台风环流的高层流出提供了高速气流以及一个高层反气旋切变的环境，可使扰动发展成台风或者使台风得到急剧的发展，如图 11（a）所示。

②当台风继续向西北移动，与西风急流距离

非常近时，由于环境风垂直切变增大，或急流造成高层气旋性切变流场环境，台风的发展将受到显著抑制或迅速减弱，如图 11（b）所示。

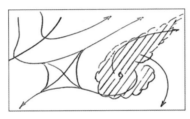

（a）西风急流加强高层辐散模式

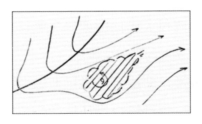

（b）西风急流加强垂直切变模式

图 11　副热带西风急流对台风强度的影响模式

（2）高空热带东风急流。热带东风急流对台风也有重要影响。在 100~150hPa 等压面上，热带东风急流轴从南海南部经马来半岛、印度南端，直指非洲中部。

热带东风急流对台风强度的影响主要体现在以下三点：

①当东风急流维持、加强或东进时，它的东端就在西北太平洋和南海地区形成一个高空辐散场，成为有利于台风发生发展的环境条件。

②当热带东风急流明显，且位于距离台风较远的南方或西南方时，有利于台风的发生发展。

③当热带东风急流不明显，且距离台风较近或位于台风上空时，由于环境风垂直切变增大，不利于台风的发生发展。

（二）热带高层对流层槽条件分析

热带高层对流层槽（TUTT）是夏季（暖季）形成于北太平洋中部和北大西洋中部热带地区对流层上部的低压槽，又称大洋中部槽。在红外云图和可见光云图上，TUTT 表现为零散的、无组

织的云系；在水汽图像上，TUTT 表现为一涡旋
状云系（见图 12）。在 200hPa 风场上，TUTT 表
现为气旋式涡旋；在 200hPa 温度场上，TUTT 表
现为冷性气旋式涡旋。

TUTT 活动于大洋中部 300hPa 以上高度，
200hPa 等压面最为明显，由大洋东部向西南延
伸，贯穿整个大洋中部，是夏季大气环流的重要
系统之一（见图 13）。在太平洋，TUTT 活跃于
15°~35° N，6 月开始，7–9 月为强盛期，可持续
至深秋到初冬。TUTT 不同于一般中纬度槽，其
维持与对流层顶附近辐射冷却平衡导致的下沉增
温有关。

当 TUTT 处于不活跃期时，槽中一般没有闭
合的气旋性涡旋；当 TUTT 处于活跃期时，槽线
可从高空高压脊以南向西延伸，直到南海上空，
槽内常有切断冷涡（高空冷涡，TUTT Cell）生成
西移。

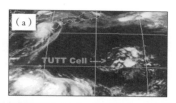

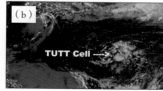
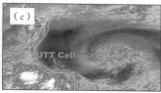

图 12 卫星云图上的 TUTT 云系特征

注：（a）红外云图；（b）可见光云图；（c）水汽云图

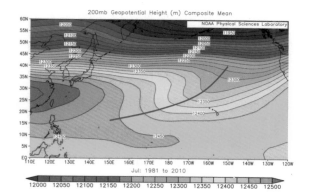

图 13 1981 年 7 月至 2010 年 7 月 200hPa 平均高度图和
TUTT（图中粗棕色实线）

TUTT 与台风生成或发展关系密切，其作用可概括为以下 4 种：

（1）改变热带扰动的环境流场，形成有利于热带扰动发展的环境条件。当 TUTT 特别是它的西端，较其平均位置偏西，与其西边的南亚高压靠近时，往往在西太平洋上空，构成一个气流的出口区。由于出口区的强烈辐散，辐合带云带便会形成或加强，同时也提供了有利于台风发生的高层辐散条件。

如图 14 所示，当菲律宾以东洋面有地面季风槽发展时，与此同时其东侧有 TUTT 发展，并沿偏西方向移动，如图 14（a）所示；当 TUTT 移至扰动北侧时，其南侧的西南风与扰动北侧的流出气流相连，会使扰动上空的流出辐散气流加强，扰动得到发展，如图 14（b）所示。

TUTT 对热带扰动发展的作用可以概括为以下三点：一是导致环境风垂直切变减小；二是

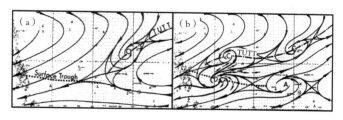

图 14　TUTT 条件下的热带扰动发展模式

注：（a）扰动发展前几天的高空流场；（b）扰动发展前后的高空流场

TUTT 南侧高压脊叠加在低层辐合区上，高空辐散气流促使扰动周围对流活动增强；三是强风速区将扰动上空多余热量迅速带走，热带扰动得到发展。

（2）改变台风的环境流场，形成有利于台风迅速发展的环境条件。当台风移到赤道高压的西脊点附近，这时赤道东风和 TUTT 槽前的西南气流，使台风上空形成双通道流出，台风上空辐散气流迅速加强（见图 15），对台风的迅速加强发展有利。

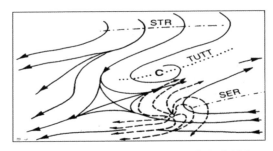

图 15   TUTT 条件下的台风迅速发展模式

注：STR 为副热带高压脊线，SER 为赤道高压脊线

（3）通过高低层环流的相互作用，激发或抑制低层扰动或台风的发展。当扰动或台风由东面移至 TUTT 槽前急流南侧时，那里是高层反气旋切变区，高空辐散加强，扰动或台风质量环流激发，对流增强，云量增多，扰动或台风增强；当扰动或台风移到急流轴以北时，那里是气旋性切变区，高空辐散减弱，质量环流受到抑制，对流减弱，云量减少，扰动或台风减弱。

（4）激发低层扰动或台风的形成。TUTT 中形成的涡旋，其势力向下伸展时，低层或地面可

以诱生出新的扰动，在有利的环境条件下可发展
为台风，如 2017 年 1705 号台风"奥鹿"和 1706
号台风"玫瑰"。

二、海洋状况分析

普遍认为海表温度达到 26℃是台风生成的
基本条件之一。海表温度越高，从海洋向大气输
送的水汽和热量通量越多，有利于台风的强度发
展，特别是一旦海表温度高于 28.5℃，可能导致
台风的快速加强。

在进行海洋状况分析时，需要特别关注台风
未来途经海域是否存在如下两点情况：

（1）台风未来行进的路径是否会经过海表温
度高于 28.5℃的海域。

（2）台风途经海域的海表温度是否较常年海
表温度存在异常偏高的情况，即途经海域是否伴
随较大的正海表温度距平区。

如果台风未来途经海域海表温度高于28.5℃，且伴随较大的正海表温度距平区，则应关注在有利的大气动力环境条件下，台风将出现增强或快速增强的可能。

三、环境风垂直切变条件分析

一般来说，弱的台风环境场水平风高低层垂直切变有利于台风的加强，反之则不利于台风的加强。在西北太平洋，环境风垂直切变临界值为9~10m/s，当环境风垂直切变大于临界值，强度一般趋于减弱；当环境风垂直切变小于临界值，强度一般趋于加强或维持（见图16）。

在进行环境风垂直切变条件分析时，除了要关注是否存在弱的环境风垂直切变，还应关注未来环境风垂直切变是否存在迅速减小的趋势及其可能对台风强度变化产生的影响。

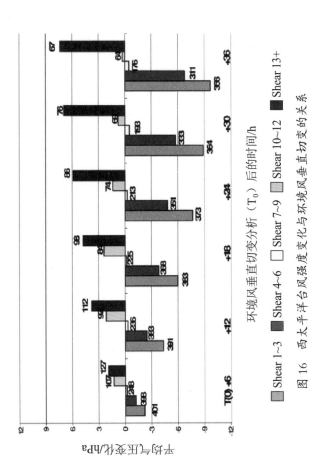

图 16　西太平洋台风强度变化与环境风垂直切变的关系

四、低层流入（辐合）条件分析

低层气流的流入与辐合对台风的加强十分有利。热带辐合带（ITCZ）是一条具备较大低层辐合的东西带状区域，在菲律宾以东洋面上经常见到沿热带辐合带自东向西有多个热带扰动生成，并沿热带辐合带向偏西方向移动的现象，有时还会出现在一条热带辐合带上先后有多个台风生成的情况。

在进行低层流入（辐合）条件分析时，一定要重点关注低层流入气流的性质。若低层流入的气流是暖湿气流，对台风强度的增强或维持是有利的。相反，当低层流入的气流是干冷的气流时，则不利于台风强度的增强或维持，而可能使台风强度减弱或填塞。

一般而言，西南气流、偏东气流或东南气流属于暖湿的气流，其流入合并到台风环流中，有利于台风强度的增强或维持。东北气流、偏北气流或西北气流属于干冷气流，不利于台风强度的增强或维持，而可能使台风强度减弱或填塞，且干冷气流流入越强，台风减弱或填塞得越快。

需要说明的是，当高层的流出气流增强时，通过次级环流作用，也会导致低层流入增强。

五、其他条件分析

1. 低层气旋性环流（Low-level Cyclonic Circulation）

一般来说，当台风移到低层是气旋性环流的区域时，强度有可能加强。由于西南季风的存在，在菲律宾以东海域和南海海域经常维持一个季风槽，一方面在季风槽附近台风生成的概率较大；另一方面由于季风槽中的台风能得到源源不断的水汽和动量的输送，对台风强度的发展比较有利。

2. 积云对流（Cumulus Convection）

积云对流的增强有利于台风的增强。台风对流云团的组织化也有利于其增强，反之同理。台风中心云团的对称化也有利于台风强度的维持或加强。

3. 地形效应（Land, Coast and Mountain Effects）

地形（陆地、海岸线、山脉）对台风强度的影响非常复杂，但一般而言，由于台风登陆后其下垫面的水汽条件明显减弱和地面摩擦效应，台风登陆后都会减弱，只是减弱的快慢有所不同。

4. 台风变性（TC Transformation）

当台风向高纬度地区移动时，若遭遇冷空气的侵入，台风将在高纬度地区发生变性，并变性为温带气旋。

冷空气对台风变性有着重要作用。适度的冷空气入侵将使涡旋位势不稳定能量聚集，造成强

对流发展而使弱的涡旋再生，且冷暖空气在台风
内部相互作用，释放大量斜压能和潜热能，为台
风的再发展提供能量来源。

冷空气的作用与其强度有关，太强或太弱的
冷空气均不利于台风的再发展。当入侵冷空气变
弱或者消失时，冷暖空气相互作用积累并释放少
量或不释放斜压能。台风登陆后，由于下垫面摩
擦作用的增大、水汽通量的减少，以及在没有新
能量供应的情况下，台风会在深入内陆后逐渐消
散。当入侵冷空气过强时，会彻底破坏台风的暖
心结构，迅速将其填塞，导致台风消散。

六、数值模式预报产品的应用

在实际业务中，在对影响台风强度变化的高
层辐散流出条件、海洋状况条件、环境风垂直切
变条件和低层流入（辐合）条件进行细致分析
后，可以大致定性地对台风未来的强度变化趋势

有较大程度的了解和把握。这时，可以应用全球数值天气预报模式、区域台风模式、集合预报系统，以及其他客观预报方法给出的台风强度预报产品中的台风强度预报趋势及强度预报值，对台风的强度变化趋势及强度预报值作出最终的综合订正。

后　记

　　台风作为夏秋季节影响我国最严重的灾害性天气之一，其灾害具有突发性强和破坏力大的特点，也是世界上最严重的自然灾害之一。准确的台风预报预警事关广大人民群众生命财产安全和经济社会发展。党和政府一直以来十分重视台风业务和科研工作，在新中国气象事业 70 周年之际，习近平总书记专门对气象工作作出重要指示，强调气象工作关系生命安全、生产发展、生活富裕、生态良好，做好气象工作意义重大、责任重大，要求广大气象工作者发扬优良传统，加快科技创新，做到监测精密、预报精准、服务精细，推动气象事业高质量发展，提高气象服务保障能力，发挥气象防灾减灾第一道防线作用，努力为实现中华民族伟大复兴的中国梦作出新的更大的贡献。

随着我国气象现代化建设的不断深入，我国已相继建成和完善了新一代地面观测系统、风云系列气象卫星、自主研发的地球系统数值预报模式系统和超级计算机系统等。目前我国台风监测预报业务已经达到世界先进水平，但台风监测预报预警的精细化水平仍然与国家防台减灾的精细化需求存在较大的差距。不断努力提升台风灾害的监测精密、预报精准、服务精细能力，筑牢气象防灾减灾的第一道防线，是每一个气象工作者光荣的时代使命。

"天有不测风云"，现在的科技水平还无法做到百分之百的准确预报，但我们每一个气象人一直以来都始终坚持"一年四季不放松、每一次天气过程不放过"的服务理念，秉承"甘于奉献、精益求精、吃苦耐劳、无怨无悔"的光荣传统与"千方百计提高预报预测准确率和精细化水平"的矢志追求，不忘初心，默默坚守，尽百分之百的努力，去实现无限逼近天气预报的真实状况，为筑牢气象防灾减灾第一道防线、加快推进气象科技能力现代化和社会服务现代化继续贡献自己的一份光和热。

2024 年 8 月

图书在版编目（CIP）数据

许映龙工作法：台风强度的监测与预报 / 许映龙著.
北京：中国工人出版社，2024.11. -- ISBN 978-7
-5008-8556-6

Ⅰ. P457.8

中国国家版本馆CIP数据核字第2024F4M681号

许映龙工作法：台风强度的监测与预报

出 版 人	董 宽	
责 任 编 辑	孟 阳	
责 任 校 对	张 彦	
责 任 印 制	栾征宇	
出 版 发 行	中国工人出版社	
地 址	北京市东城区鼓楼外大街45号	邮编：100120
网 址	http://www.wp-china.com	
电 话	（010）62005043（总编室）	
	（010）62005039（印制管理中心）	
	（010）62379038（职工教育编辑室）	
发 行 热 线	（010）82029051 62383056	
经 销	各地书店	
印 刷	北京市密东印刷有限公司	
开 本	787毫米×1092毫米 1/32	
印 张	3.5	
字 数	42千字	
版 次	2024年12月第1版 2024年12月第1次印刷	
定 价	28.00元	

本书如有破损、缺页、装订错误，请与本社印制管理中心联系更换

优秀技术工人百工百法丛书

第一辑　机械冶金建材卷

100 ARTISANS AND 100 TECHNIQUES SERIES

郭玉明
工作法
复吹转炉底吹的
精准维护

100 ARTISANS AND 100 TECHNIQUES SERIES

金国平
工作法
炼钢连铸设备
智能化的
运维与改善

100 ARTISANS AND 100 TECHNIQUES SERIES

李兵
工作法
汽车发动机故障
诊断与维修

100 ARTISANS AND 100 TECHNIQUES SERIES

李凯军
工作法
压铸模具
制造

100 ARTISANS AND 100 TECHNIQUES SERIES

林学斌
工作法
连铸
电气设备的
点检

100 ARTISANS AND 100 TECHNIQUES SERIES

刘伯鸣
工作法
带直段锥体的
锻造与成形

100 ARTISANS AND 100 TECHNIQUES SERIES

刘更生
工作法
京作硬木家具制作
水磨、烫蜡技艺

100 ARTISANS AND 100 TECHNIQUES SERIES

潘从明
工作法
萃取设备的
设计与制造

100 ARTISANS AND 100 TECHNIQUES SERIES

裴永斌
工作法
弹性油箱
全自动数控
加工技术

100 ARTISANS AND 100 TECHNIQUES SERIES

邵志村
工作法
铜精矿火法的
双闪冶炼

100 ARTISANS AND 100 TECHNIQUES SERIES

王树军
工作法
设备的养护
与修理

100 ARTISANS AND 100 TECHNIQUES SERIES

王万松
工作法
热轧带钢
板形的控制

100 ARTISANS AND 100 TECHNIQUES SERIES

温广勇
工作法
玻璃纤维拉丝
设备的
维修与优化

100 ARTISANS AND 100 TECHNIQUES SERIES

文寨军
工作法
低热硅酸盐
水泥的制备
及应用

100 ARTISANS AND 100 TECHNIQUES SERIES

徐成东
工作法
肉眼秒判
奥斯麦特炉渣
含铅品位

100 ARTISANS AND 100 TECHNIQUES SERIES

郑久强
工作法
转炉炼钢炉型的
控制与操作

优秀技术工人百工百法丛书

第二辑　海员建设卷

100 ARTISANS AND 100 TECHNIQUES SERIES

蔡连财工作法
半潜船浮装操作

100 ARTISANS AND 100 TECHNIQUES SERIES

常洪霞工作法
公交安全驾驶与服务

100 ARTISANS AND 100 TECHNIQUES SERIES

陈宇航工作法
大型管道装配

100 ARTISANS AND 100 TECHNIQUES SERIES

陈竹祥工作法
汽车漆膜修补

100 ARTISANS AND 100 TECHNIQUES SERIES

程克辉工作法
常用焊接操作技能

100 ARTISANS AND 100 TECHNIQUES SERIES

勾常春工作法
盾构注浆"制一运一注"一体化集成系统

100 ARTISANS AND 100 TECHNIQUES SERIES

李燕肇工作法
古建彩画颜料调制及彩画工艺流程

100 ARTISANS AND 100 TECHNIQUES SERIES

廖明工作法
地铁司机应急处置技能培训

100 ARTISANS AND 100 TECHNIQUES SERIES

魏钧工作法
焊接十步操作法

100 ARTISANS AND 100 TECHNIQUES SERIES

吴喜军工作法
桥梁伸缩缝微创技术

100 ARTISANS AND 100 TECHNIQUES SERIES

翟筛红工作法
古建筑冰纹窗制作

100 ARTISANS AND 100 TECHNIQUES SERIES

竺士杰工作法
远控集装箱岸桥操作法

优秀技术工人百工百法丛书

第三辑 能源化学地质卷

100 ARTISANS AND 100 TECHNIQUES SERIES

孙同根
工作法
S Zorb装置
优化

100 ARTISANS AND 100 TECHNIQUES SERIES

王月鹏
工作法
基于绝缘平台的
绝缘杆作业法

100 ARTISANS AND 100 TECHNIQUES SERIES

王跃
工作法
滴定分析的
判断与控制

100 ARTISANS AND 100 TECHNIQUES SERIES

杨新海
工作法
车载移动测量技术
在实景三维成果
质量检验中的应用

100 ARTISANS AND 100 TECHNIQUES SERIES

杨义兴
工作法
油田修井现场
清洁生产
技术应用

100 ARTISANS AND 100 TECHNIQUES SERIES

游弋
工作法
煤矿供电系统
防晃电
设计与应用

100 ARTISANS AND 100 TECHNIQUES SERIES

余姝
工作法
高陆峡谷区
地质灾害调勘查

优秀技术工人百工百法丛书

第四辑　国防邮电卷

100 ARTISANS AND 100 TECHNIQUES SERIES

高凤林工作法

钢/铝异种金属软钎焊制造

100 ARTISANS AND 100 TECHNIQUES SERIES

曹彦生工作法

航天结构件数控铣削加工工艺

100 ARTISANS AND 100 TECHNIQUES SERIES

陈久友工作法

轻量化金属构件高性能激光焊接

100 ARTISANS AND 100 TECHNIQUES SERIES

陈佐佐工作法

数字化纤芯管理方案

100 ARTISANS AND 100 TECHNIQUES SERIES

洪家光工作法

典型产品车削加工

100 ARTISANS AND 100 TECHNIQUES SERIES

秦世俊工作法

直升机动部关键件、重要件数控加工

100 ARTISANS AND 100 TECHNIQUES SERIES

陶安工作法

高精度、高硬度螺纹环规二次车削及专用夹具

100 ARTISANS AND 100 TECHNIQUES SERIES

王刚工作法

高精度铰孔精准控制

100 ARTISANS AND 100 TECHNIQUES SERIES

徐珺工作法

全光组网安装维护交付